# いぬとわたしの防災ハンドブック

いぬの防災を考える会

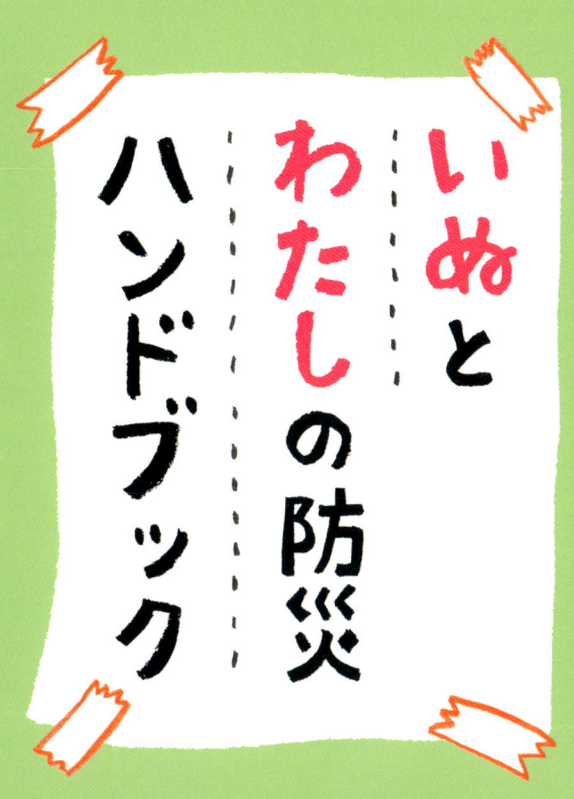

# はじめに

天災はある日突然、やってきます。

近い将来、起きるであろうと予測されている
首都直下地震や南海トラフ地震。

台風やゲリラ豪雨による浸水や洪水被害、
都市機能を麻痺《まひ》させる大雪、噴火だって、
日本全国いたるところで起こる可能性があります。
わたしたちは常に自然災害と隣り合わせで
生きていることを忘れてはいけません。

1
UNE

だとしたら、わたしたちにできるのは
もしものときへの「備え」です。

備えをしている人とそうでない人では
災害時の状況は大きく変わってきます。
例えば、最寄りの避難所は知っていますか？
自宅の防災対策、
飲料水や食料品などの備蓄はできていますか？
家族間の連絡方法は確認できていますか？

少なくとも、これらに対応できていないと
災害時に困るのはあなた自身です。
飼い主が無事でなければ、家族同然である
大切ないぬの命を誰が守るのでしょうか。
そして、もうひとつの備えで大切なのは「しつけ」です。

実はいぬの防災は、平時のしつけにかかっている
といっても過言ではないからです。
普段から飼い主の言うことを聞かない子だと
混乱する災害時にあってはどうなるでしょう。
吠《ほ》えたり噛《か》む癖があったり、
飼い主以外の人間に慣れていないと、
避難所生活になった場合、
周囲に迷惑をまき散らすことにもなりかねません。

さらに、普段からの飼い主の態度も大きく関係してきます。
いぬとの暮らしは見られていないようで見られています。
それに悪いイメージほど印象に残ってしまうもの。

ノーリードで散歩をさせたり、
トイレの後始末をしない飼い主だと、
ご近所から、後ろ指を指される存在になってしまいます。
よい印象がなければ、何かあったとき
積極的に助けようと思いませんよね？
災害時、横の繋《つな》がりは欠かせないもの。
その点でもご近所同士の
コミュニケーションはとても大切です。
わたしたち人間といぬの防災は
日常からスタートしているといってもいいでしょう。

それでは具体的に飼い主として
どんな心構えと備えが必要なのか
この本でご説明していきましょう。

# もくじ

## 第2章 あなたの備えが いぬの命を守る

## 第3章 災害が起きた！ そのとき、あなたといぬは？

## 第4章 「いぬとわたしの防災」チェックリスト



column
いぬ好きさんに聞く
## わたしといぬの防災



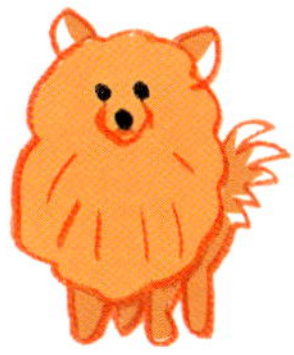

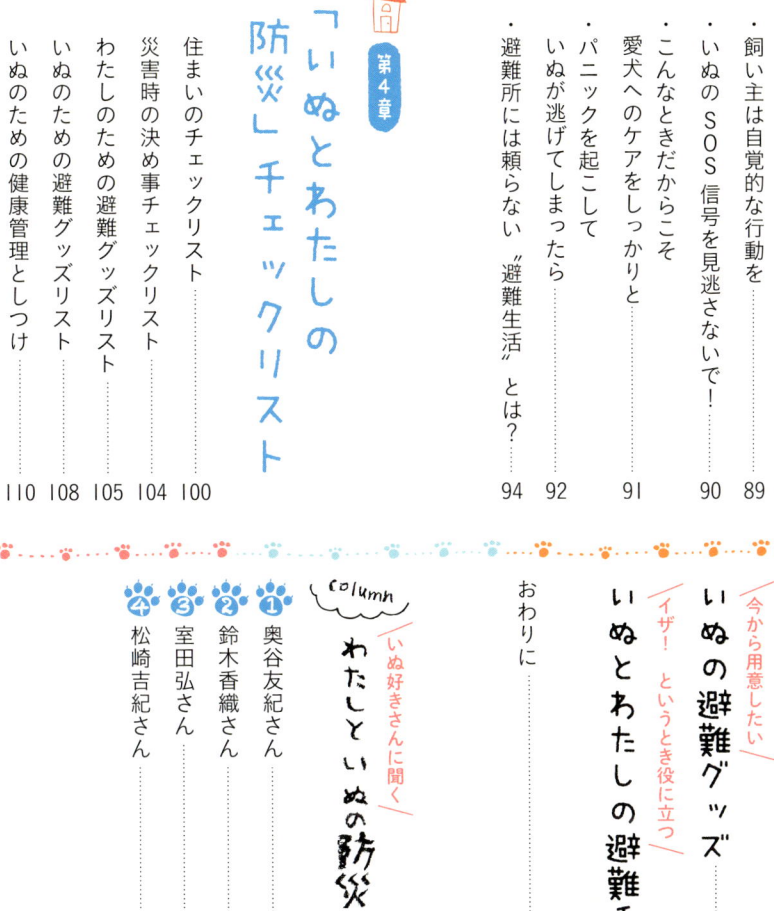

## 第1章

# いぬとわたしのために今日からできること

# 防災対策、できていますか？

台風、洪水、そして地震……
災害は、いつ、どこで起こるかわかりません。
そのときが来たら、あなたはどうしますか？
いぬが頼りにするのは、
飼い主であるあなただけです。
そう、いぬを守るためには
あなた自身の安全も確保しなければなりません。

どうすれば一緒に避難できるのでしょう。
漠然としたイメージだけで、
なんとかなるんじゃない？

なんて、思っていないでしょうか。
いざとなったときに慌てて
後悔はしたくないものです。

今、必要なのは、具体的に行動すること。
まずは、大きな地震を想定して
防災対策と避難準備を考えてみましょう。

家中のあらゆるモノが落下・転倒してくる中
避難の準備をするのはとても難しいもの。
最悪の場合、時間を取られて
逃げ遅れてしまうかもしれません。
また、飼い主が外出しているときは
いぬが無事でいるかどうか
すぐには確認できないことも多いものです。

でも、室内の安全が確保できていれば
こうした心配も少なくなるはずです。
大がかりな工事をしなくても
ちょっとした気配りを心得ておけば
実行できることはたくさんあります。

そして、肝心なのが日頃の備えです。
地域やご近所、家族と連携し、
事前に必要なものを揃《そろ》えておく。
そうした心構えが
災害時の命運を握っているのです。

あなたが住んでいる場所を
防災という視点で見直してみませんか？

# わたしのために、いぬのために、安全な室内づくり

防災といっても難しく考えることはありません。災害が来たときに何が起きるのかを考え、事前に危険なモノを取り除いてしまえばいいのです。まずは、室内が住んでいる人にとって安全であることが大切。その上で、いぬが安心できる空間にしてあげましょう。さあ、あなたがいる部屋を見直すことからスタートです。

# 防災準備のファーストステップは「捨てる」こと

今すぐ、誰にでも実行ができる防災準備とは？ それは、いらないモノを「捨てる」ことです。

たとえ大きな揺れが来たとしても、部屋にあるモノを最小限にしておけば、必要以上に散乱したり、転倒したりすることはなくなるはず。

もらい物の食器や古くなった鍋、袖を通すことのない型遅れのバッグ、読まなくなった本……。ついつい捨てられずに取っておいたモノ、まだありますよね。

「いつか使うかも」と思っていても、結局は何年もそのままになってしまうケースが多いもの。

一年を通して使用していなければ、それはあなたにとって、いらないも同然なのです。引っ越ししてから全く手をつけていない段ボールの中身も、もう一度チェックしてみましょう。

今まで迷っていたモノも、これが愛犬の命を救う第一歩と考えれば、踏ん切りがつくはず。思い切って、家中をスッキリさせてみませんか？

# 捨てることの次は「整理整頓」を

いらないモノを処分したら、次にしてほしいのが身のまわりの整頓。

災害の発生時は、いかにスピーディに行動するかが勝負です。「あれは、どこにしまったかしら？」なんて考えているうちに、逃げ遅れてしまいかねません。何がどこにあるか、事前に把握しておくことが大切です。

めったに使わないモノ、普段使いのモノ、避難時に持ち出すモノ……それぞれの用途を考えて、収納方法を工夫してみましょう。

# 必要な場所に必要なモノを

整理整頓の際に覚えておいてほしいのが、「必要な場所に必要なモノを置く」ということ。

夜間の災害に備えておきたい懐中電灯は、避難するときにわかりやすい玄関の靴箱の中に1本。そして、どこにいても取り出せるよう、各部屋に常備するとよいでしょう。

停電時にあると便利なロウソクは、ライター類と一緒にしまっておくなど、被災したときのことをイメージしてみるといいですね。

また、就寝中に慌てて飛び起きてしまい、室内の散乱物でケガをするという事例もよく起きています。できればベッドの下や枕元など、手が届く範囲にスニーカーなどを用意しておくと安心です。

# いぬの避難場所をつくってあげること

例えば、地震で大きな揺れが来たら、いぬがすぐに飛び込める、避難スペースをつくっておきましょう。

小型犬の場合は、キャリーを使うのも一案。ブランケットなどで居心地の良い空間に仕立て、普段からそこで過ごすようになってくれれば、避難のときに、そのまま運べるメリットがあります。

外飼いの場合も、夜はなるべく室内に入れることを考えてみましょう。災害発生直後の避難所では、いぬは屋外に係留されることが多いのですが、後にケージが手に入った場合に備え、ケージに慣らしておくことも大事です。事前のトレーニングが必要な場合もあるので、詳しくは第2章（62ページ）をご覧ください。

簡易的な避難場所として、押し入れの下段に頑丈なフレームを設置、その中にケージやハウスを置けば室内用シェルターの出来上がりです。いぬが自由に出入りできるようドアを開けたままにするなど注意してください。

# 室内に「危険地帯」をつくらない

大きな地震で一番危険なのは、モノの転倒や落下。最悪の場合、圧死してしまうことも考えられます。

　そこで実行してほしいのが、大型の家具や電化製品の固定。高いところになるべくモノは置かず、重いモノは下のほうに移動して、重心を低くするのも有効です。吊り戸棚などの開き扉は、掛け金などを利用しましょう。

　また、棚戸のガラスには飛散防止フィルムを。ガラス製品の滑り止めには、底に貼るシールもあります。

# いぬのための安全地帯を確保する

もしも、飼い主の留守中に地震が起きて、いぬが室内に閉じ込められてしまったら……。そうならないために、室内の避難経路を確保しておくことを心がけておきましょう。

　留守の間だけでも、ドアにストッパーをかけたり、開けた状態で固定したりするなどの工夫をしてみてください。引き戸も、家がゆがむと開かなくなるので要注意です。

　また、柱の多いトイレは、大きな地震でも崩れにくいので、安全地帯としては最適。こちらもドアを開放しておいてください。

　外出のたびにドアを開けるのが面倒であれば、これを機会に「ペット・ドア」を付けることも検討してみるといいですね。そのほか、ケージやキャリーを何カ所かに設置するなど、どこにいてもいぬが身を守れる場所をつくってあげましょう。

　いずれの場合も、付近に転倒しやすいものがあれば固定をし、モノが散乱しないように気をつけて。

# 被害を最小限に食い止めるために

地震で怖いのは二次火災です。電気製品のプラグは極力抜いておきましょう。気をつけたいのは水槽や花瓶の置き場所。倒れてコンセントに水がかかると、発火するおそれがあります。また、お風呂のくみ置きは、火災の消火や生活用水として有効です。でも、いぬが誤って落ちてしまう危険もあるので、ふたは必ず閉めること。26ページのトイレのドアの開放時も転落には注意です。ごみ箱もふた付きにするなど、いぬの目線で不要な事故を防いで。

# いぬとわたしのための日頃の備え

災害時の状況は普段からの準備ができているかどうかで大きく変わってきます。自分や家族、いぬにとって何が必要でどんな行動を取るべきかを常日頃から想像することが大切です。いざ、そのときが来てから考えるようでは手遅れです。「備えあれば憂いなし」という言葉の意味をあらためて考えてみませんか？

# 地域の防災計画を知っていますか？

東日本大震災以降、各自治体では防災計画の見直しが進んでいます。

あなたの住む地域が、災害についてどのような考えを持ち、対応策を立てているのか、事前に知っておくことはとても大切です。

防災に関する助成（建物への耐震助成や地域防災活動など）を行っている自治体もあるようなので、利用できるかどうかは問い合わせてみるのもよいかもしれません。

「ハザードマップ」はご存じですか？

自分が住んでいる地域で洪水や津波、山崩れなど、どんな災害が発生する可能性が高いか、被害を予測し、被害範囲を地図にまとめたものです。いずれも自治体のホームページなどから確認することができるので、一度目を通しておきましょう。

# 避難訓練はやっぱり大切

9月1日は防災の日。全国各地で防災訓練が行われています。学生や社会人は学校や会社で防災訓練を受けることができますが、自宅にいることの多い方は、この機会に地域の避難訓練に参加してみてはいかがでしょう。

避難訓練では避難所までの所要時間、危険場所の確認、通行できないときの迂《う》回《かい》路《ろ》などもチェックすること。準備している非常持ち出し袋が運べる重さなのか、実際に試してみるとよいかもしれませんね。

各自治体では防災計画の見直しが進み、ペットも一緒に参加できる避難訓練もあるようです。その一方で、避難先でのペットの受け入れに関しては統一されていないのが実情です。

避難訓練に参加することは、自分の住む地域がペットとの避難に関してどのような対応策を取っているのか知ることができ、飼い主として自治体に働きかけができるよい機会です。

# 先回りして考える習慣をつけよう

こんなケースを耳にしたのでご紹介しましょう。

2匹のチワワの飼い主さんが住んでいたのは川沿いでした。あるとき、大雨が続き、川の水位がみるみるうちに上がるのを見て、嫌な気持ちがしたというのです。天気予報を見ても雨は止《や》む気配がなく、万が一のことを考え、飼い主さんはまず、いぬたちを遠くのペットホテルに預け、家族と共に知人宅に避難しました。

その後、危険水位に達してしまった川の堤防は決壊——。

残念ながら、飼い主さんの自宅は半壊してしまいましたが、事前に危険を察知し、自ら行動できた結果、いぬたちも家族も全員無事でした。

もしものときを先回りして考える習慣をつければ、このように最悪の事態を回避できることもあるのです。

# いぬとの暮らしを見直す

避難所では基本的にいぬと飼い主の生活エリアは隔離され、ケージなどに収容される機会が多くなります。

もし、ケージに入った経験がなければ、不安や恐怖のストレスから吠え続けてしまい、周囲に迷惑をかけてしまうことになりかねません。ケージ＝リラックスできる場所として認識してもらうために、トレーニングをすることが大事です。

病院やホテルでもケージを使用することが多いので、日頃から慣れさせておくとよいですね。

また食事の習慣もあらためてみましょう。毎回、同じ時間にごはんをあげていると、いぬはその時間に待機するようになります。避難所ではいつも通りのペースで食事が摂れるわけではありません。大好きなおやつも自由にあげられないことになります。

避難所でとまどわないよう、日頃から食事は日によって時間をずらしてあげたほうがよいでしょう。

# いぬ友仲間を結成しよう

災害時、何よりも心強いのはご近所同士の助け合い。日頃から近くに住む散歩仲間などで、万が一に備えて協力し合える〝いぬ友仲間〟を結成しておくとよいでしょう。

仕事で不在にすることが多かったり、外出中に地震が起き、すぐに自宅に駆けつけられないことがあっても、様子を見に行ってくれる仲間が近くにいると、何かと安心ですよね。

マンションなどの集合住宅で自治会が設置されている場合、マンション内や敷地で避難生活を送るケースも考えられますので、事前に飼い主同士が助け合える仕組みを話し合っておくことも大切です。

# 非常持ち出し袋には何を準備してどこに置いておくか

非常持ち出し袋には、飲料水、食料品、衣類、防災品、日用品、いぬのためのグッズを準備しましょう。ただし、いぬの健康や生命の維持に関わるモノ（薬や療法食など）は、人用の持ち出し品と一緒にしておくと安心です。

避難する際、小型犬の場合はキャリーに入れて、大型犬の場合はリードで連れていくことを考えると、両手があくリュックにまとめておくとよいですね。気をつけたいのは、その重量。大人で6〜8キロ程度を目安にしてください。

自宅はモノが散乱して中に入れないということも考えられます。こうした持ち出し品は1カ所だけにまとめずに、保管状態に気をつけ、玄関先や車の中などに小分けにして備えておくとよいでしょう。

# もしものときの食料品を集めただけで満足はしていませんか？

防災意識の高まりを受け、食料品などを備蓄するようになった方も多いのではないでしょうか。

ただし、一旦荷物をまとめてしまうと、その安心感から、放置しっぱなし、なんてことも……。

気をつけたいのは非常時に備え、買い貯《だ》めした食料品です。今一度、その食料品を見てください。賞味期限が間近に迫っていたり、すでに切れてしまってはいませんか？

食料品は定期的なチェックが必要です。期間を決めて、食べたらその分を補充するというサイクルができれば、無駄な廃棄もなくなります。

またアレもコレもと欲張って用意するよりは、使いやすく運びやすい小分け品や、そのまま食器として使用できるモノを準備してはいかがでしょう。たくさん用意して、いざというときに持っていけなかったら意味がないですよね。

自分や家族、いぬのために何が必要なのか、よく考えて準備しましょう。

# ローリングストック法を活用しよう

日常でも非常時でも役に立つローリングストック法、ご存じですか？

缶詰やレトルト食品、飲料水などを多めに買っておき、製造日の古いものから定期的に消費し、その使った分だけ新しく買い足す非常食の備蓄方法のことです。

その言葉通り、ストック（備蓄）をローリング（回転）させることで、常に一定量の備えがあることになりますし、備蓄用に買った食料品の賞味期限が切れていたからと、無駄に廃棄することも避けられます。

ローリングストック法では最初に4日12食分を用意して、毎月1食分を食べ、この食べた分を新たに補充していくことで、1年で用意した食料品が入れ替わることになります。

この方法であれば、普段食べ慣れていない長期保存の非常食をわざわざ用意しなくても済み、商品のレパートリーも広がります。いぬの備蓄用のフードも同様に考えることができるので、ぜひ取り入れてみてください。

非常食4日
12食分を用意
常に一定量の
備えができる！
毎月1食を
食べる
食べた分を
補充する
スーパー

# わたしのための避難グッズ

避難グッズはいざというとき、すぐに持ち出せるようにしておきましょう。用意するのは衣類、食料品・飲料水、日用品の3つ。

　衣類であれば防寒になるモノや下着類、食料品などは最低でも3日分、日用品は女性であれば生理用品などもお忘れなく。

　その他、ラジオや電池不足に備えて手まわし充電器があると便利です。

飲料水
食料品
インスタント食品
缶詰
飲料水
その他お菓子など
日用品
ポケットティッシュ
缶切り
ナイフ
電池
懐中電灯
救急セット
生理用品
マッチ、ライター
ラジオ

# いぬのための避難グッズ

災害時は同行避難が基本なので、大型のいぬはリードやハーネス、小型のいぬはキャリーが必要。

フードや水、ペットシーツなどは余裕を持って1週間分あると安心です。

また持病があり、薬を服用していたり、療法食でないと食べられない場合も、日頃からストックを忘れずにしておきましょう。

毛布

スコップ

処理袋

ペットシーツ

靴・靴下

バスタオル

消臭スプレー

食器

フード、水

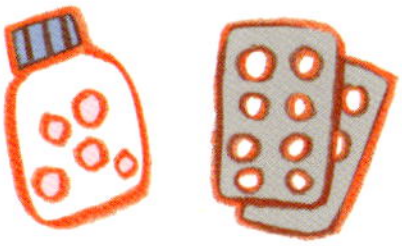

常備薬

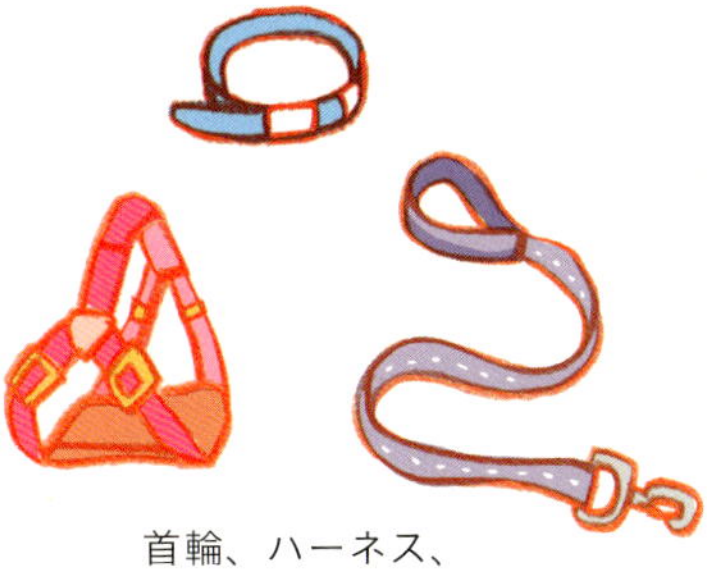

首輪、ハーネス、
リード

おもちゃ、
ブラシ

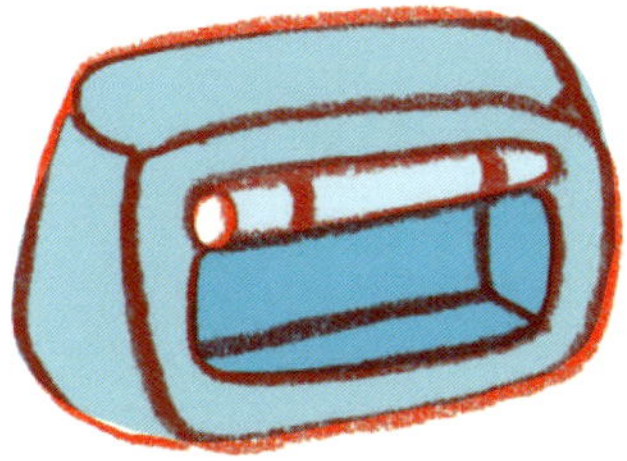

ポータブルケージ、
キャリー

いぬの健康手帳、いぬの写真

＼いぬ好きさんに聞く／

# わたしといぬの防災

column 1

柴犬のUNICO
（ウニコ・10才メス）は
スペイン語でユニークという意味

生ハム型のクッションで
まったり中

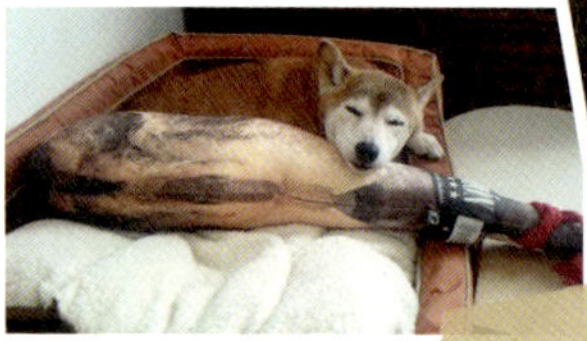

DOGSHIP 合同会社
ヒューマン・ドッグトレーナー
奥《おく》谷《たに》友《ゆ》紀《き》さん

profile

ドッグトレーナー歴 12 年。飼い主の方といぬたちのコミュニケーションがスムーズにとれるようないぬ文化を目指しています。おばあちゃんになっても色んな人と沢山のいぬに慕われ、何でも話せる身近な存在のトレーナーでありたい。
DOGSHIP 合同会社
http://dogship.com/

## 被災地で見た光景に胸を痛めて

東日本大震災が起きた後、ペットのボランティア活動に何度か参加しました。そこで見たのは、被災した何百頭ものいぬたちがシェルターに入れられ、慣れない場所でストレスを抱えながら、一日中吠え続けているという現実。現場は混乱しているので、ボランティアがいたとしても、散歩も満足には行けませんからね。体調を崩している子も多くて、痛ましく、辛《つら》い場面でした。

　地震などの自然災害は不測の事態ですし、何が起こるかわかりませんが、被災地で見た光景に、我が子を路頭に迷わせてはいけないと強く思ったんです。一緒にいる

大阪城を背に凛々しい表情のウニコ

いぬはフカフカ好き。お気に入りのブランケットです

浜名湖の水辺で楽しそう

のが難しくなるようなら、ウニコは遠方にいる実家や親類などに預けるつもりです。そのために、日頃から話し合いをして、連携を取れるようにしています。

避難袋には1週間分のフードとトイレシートなどの衛生グッズ、歯磨きや体をキレイにするシート、下痢《げり》止めなどの薬を用意しています。

私は大阪出身で、阪神・淡路大震災を経験していることもあり、今の自宅はとにかく地盤が固く、耐震構造を重視して探しました。ウニコのいる室内も倒壊防止をしっかりしています。不在時に地震が起きたことを想定し、安全な場所に逃げられるようケージを置いたり、洗面所のドアを開けたままにしておくなどしています。

# 第2章

# あなたの備えがいぬの命を守る

# この子の命を守るために

大人になるにつれ、さまざまな経験を通じて身につくのが社会性。
これはいぬにとっても同じことです。
「いぬに社会性なんてつくの？」なんて思っていませんか？
例えばいぬ同士、お尻の匂いをクンクン嗅ぐことで
お互いを知り、じゃれ合って、
遊びや力加減などを学びます。
散歩に出かけて、いろいろな人間、いぬと接し、
外からの刺激や環境に触れることで
社会性を身につけることができるのです。
ただし、これは飼い主の役目であり、責任。
それができていないと、

仲間の輪に入ることもできず、空気の読めない
世間知らずのいぬになってしまいます。
飼い主はしっかりとしつけを行うと同時に
意識的にたくさんの経験をさせてあげてください。
いぬの社会性は普段の生活だけでなく
災害時こそ重要視されます。
避難所には見ず知らずの人やいぬがたくさん集まります。
そんな場所で好き勝手な行動を取ってしまったら
周囲に大きな迷惑をかけてしまいます。
ちなみにいぬは社会性を学ぶ生後3週から14週に
たくさんの経験をさせてあげるとよいと言われています。
でも、あなたのいぬがこの時期を過ぎていて、
社会性に不安を覚えていたとしても
時間をかけてしっかりと対応してあげることで
問題を改善することは可能です。

# いぬのための健康管理としつけ

いぬの性格は持って生まれたものだけでなく、育つ環境によっても大きく左右されます。かわいいからと甘やかしすぎて、人間の言うことをまったく聞かない子になってしまったら……。災害時に苦労するのは飼い主よりもいぬかもしれません。いぬのためにも今のうちにしっかりしつけを行っておきましょう。

# いぬの特性、性格を知ろう

もし、避難生活を送ることになってしまったら――。

そのとき、あなたのいぬは環境の変化によって想像もしなかった行動をとることがあるかもしれません。

一説によると、世界には４００近くの犬種があると言われていて、いぬと一言でいっても大きさも姿も習性も違う、多種多様な生き物なのです。

普段から大人しいと思っているいぬでも、人慣れしていなかったり、社会性が身についていなかったら、落ち着きがなくなったり、吠えたりすることがあるかもしれません。

他のいぬや人間と接する中で、我が子はどんな反応をするのか、つぶさに観察するとよいですね。

いぬだからみんな同じだとは思わず、あなたのいぬの種類や性格をよく知りましょう。それに応じてしつけの仕方などを考えることも必要です。

# 飼い主の義務を果たしていますか？

法律によって、生後91日以上のいぬには、狂犬病※の予防接種と市区町村への登録が義務付けられています。

　狂犬病は人間に感染すると、ほとんど助かる見込みがない恐ろしい病気です。予防接種は毎年1回。その際、交付される注射済票は、登録の際にもらう鑑札と一緒に、必ず首輪などに付けておくこと。これらが守られていないときは、20万円以下の罰金が科せられます。また、迷子や災害のときには、飼い主の情報や接種の有無を確認できる手だてとなりますので、きちんと義務を果たしましょう。

　避難所でいぬたちは飼い主とは別の場所で係留されたり、保護施設ができて預けた場合など、他のいぬたちと一緒に暮らすことが多くなります。去勢・避妊手術はもちろん、ノミ・ダニの駆除が集団生活をする上で重要であることは、もうおわかりですね。

　そして、そんな閉鎖された空間で最も気をつけたいのが感染症。中でも嘔《おう》吐《と》や下痢を引き起こす「犬パルボウイ

※日本は1950年に制定された狂犬病予防法等の対策により、1957年以降、日本国内でのいぬの発症は確認されていません。ただ、全世界ではいまだ多くの死者が出ています。

ルス感染症」は要注意。子いぬなら高い確率で命を落とします。でも、事前にワクチンを打っておけば、安心です。

## ワクチン接種で病気にならない、病気を移さない！

ペットホテルやドッグランなど、他のいぬと接触する場所でもワクチンなどの証明書を求められることが多いようです。狂犬病以外の混合ワクチン接種は、5種以上が基本。どのワクチンを選択するかは犬種などにもよるので、獣医さんと相談してください。

こうしたワクチンも接種は年1回。避難グッズには、証明書や、打った日と種類を書いたメモを入れておきましょう。被災地で獣医療支援が行われた場合、これらの情報が役に立ちます。

# マイクロチップとは？

いざというときに、いぬの身分証明になるのが、マイクロチップ。15桁《けた》の数字（番号）が記録された「電子タグ」を皮下に埋め込み、この番号を専用のリーダーで読み取ることで、飼い主やいぬの情報がわかる仕組みです。

災害だけでなく、迷子や盗難、事故に遭ったときにも、いぬの体から抜け落ちることがないので、〝最後の命綱〟とも呼ばれています。

日本ではまだ義務化はされていませんが、東日本大震災以降に認知が高まり、現在１００万頭近くが装着しています。愛犬のためにもこの機会に検討してみては。

# マイクロチップの装着方法

直径2ミリ、長さ約8〜12ミリのカプセル状のチップを、専用の注入器を使って埋め込みます。背側頸部《けいぶ》（首の後ろ）の皮下に打つのが一般的です。

埋め込みができるのは生後2週齢頃。痛みは普通の注射と同じくらいといわれています。麻酔薬などは通常、必要ありません。

動物病院で装着後、飼い主が申込書に情報を記入して、データを登録します。登録完了のハガキが届くまで2〜3週間。転居などで情報が変更した場合には、すみやかに変更手続きをしてください。

費用は装着に数千円程度、登録料として1000円かかりますが、助成金が出る市区町村もあるので確認してみましょう。

読み取りリーダーは動物病院や動物愛護センターなどにありますが、災害時はすぐに情報検索ができないので、迷子札との併用がおススメです。

# まずは吠えない、噛まないを徹底させる

人間と同様、いぬも社会性が身についていないと、周囲に迷惑をかけることになります。
あるボランティアさんが見た光景についてお話ししましょう。ペットの支援活動として、東北の被災地に出かけたときのこと。そこはペットの保護施設で、大きな子も小さな子もケージに収容され、一日中、吠えていた子もいたそうです。散歩に連れていこうにも、飼い主以外の人間に慣れていないせいか、スタッフを威嚇《いかく》する、噛むといっ

た行為も見受けられ、外に出すにも一苦労だったといいます。

いきなりケージに入れられ、いつも一緒にいた飼い主はそこにはいない。ストレスから、中には病気になってしまった子もいたそうです。

## 最低限のマナーについて考えてみましょう

あまり考えたくはありませんが、災害時ではさまざまな問題から、飼い主が見つからない、我が子を手放さなくてはならない、といった場面が出てくるかもしれません。そうした状況下で保護されたいぬは、次の飼い主と出会えるかどうかで、その後の人生が大きく変わってきます。

しかし、吠えグセや噛みグセがあったり、元の飼い主以外の人間に懐かない子だったらどうでしょうか。誰にでも打ち解ける子のほうが、新しい飼い主も見つかりやすいですよね。

運よく避難先で一緒にいることができても、吠え続けるようなことがあれば、周囲に迷惑をかけるだけでなく、その子自身が嫌われてしまいます。本来ならそれは、飼い主の責任であるはずなのに……。

例えばペット同伴ＯＫのお店に行くことを想像してみてください。「吠えずに穏やかにいてほしい」と思いますよね。それが最低限のマナーだと考えるとよいでしょう。

# 飼い主のペースでお散歩させよう

　散歩の際、終始いぬに引っ張られるのは、いぬが飼い主を意識していない証拠です。引っ張るようであればその場に立ち止まってみてください。いぬは先に行こうとすればするほど苦しくなるので、飼い主の元に戻ってきます。そこで再び歩き始めましょう。

　いぬにとって飼い主の横を歩く、そのポジションが歩きやすく心地よいスペースだと思わせることです。

　また、飼い主は、リードを軽くたわませ、歩くように心がけましょう。

　ときどき、わざと立ち止まるなど、メリハリをつけてあげると、いぬも飼い主の存在を意識しやすくなります。

　他のいぬの存在を確かめようと、電柱の匂いを嗅ごうとしますが、すべて許していたら、自分勝手な散歩になってしまいます。今日はあの電柱で、と何カ所か飼い主が自由にしてよい場所を決めて歩いてみましょう。

# いぬがクンクン匂いを嗅ぐ理由とは？

散歩に出かけると、いぬ同士、匂いを嗅ぎ合う場面をよく見ます。これは人の挨拶と同じで、プロフィール交換のようなものです。

挨拶ですから、相性もありますが、このとき、正面から近づくのは、いぬの世界ではルール違反。礼儀知らずの子を先輩のいぬが叱ることもあるのです。

子いぬのうちに散歩や遊びを通じて経験させると、こうした挨拶も自然に身につきます。飼い主さんは友好的ないぬとの挨拶を怖がったり、お尻の匂いを嗅ぐのは汚いと思わないでくださいね。

# いぬを叩いては絶対にダメな理由

しつけのためにいぬを叩《たた》いてはいませんか？　飼い主としてこれは絶対にやってはいけないこと。なぜなら、人間の手は怖くて嫌なものと、いぬが認識してしまうからです。

噛んだり、抱っこしても暴れるということがあれば、それは人間の手に対するイメージが嫌なものかもしれません。

人間の手は温かくて撫《な》でてもらえる、抱っこしてもらえるものと経験すれば、いぬは自然と身をゆだねるもの。

誰に触られても落ち着いていられれば、飼い主として安心する場面も多く出てきます。

例えば病院やペットホテルなどがそう。特に触診されることもある病院では、いぬが落ち着いていれば、診察もよりストレスが少なく済みます。

日頃から愛情たっぷりにいぬと触れ合ってくださいね。

# よいことをしたら名前を呼んでたくさん褒めてあげて

いぬの名前を呼ぶのは、褒めるときだけにしましょう。逆に叱るときは名前を呼ばないようにしてくださいね。

なぜなら、名前を呼んで叱ることで、その名前のイメージがいぬにとって悪いものになり、反応が悪くなってしまうことがあるからです。名前はスペシャルなものであることを意識して、呼んであげてください。

声をかけるのは、飼い主の意思をいぬに伝えるということなのです。

叱るときの注意点ですが、「～しちゃダメ」などの否定形はいぬにはわかりにくいもの。「静かに」「待て」など、いぬにわかる肯定の言葉で伝えてください。

# トイレやごはんタイムはルーティーンにしない

いぬは体内時計がしっかり働いています。例えば朝6時きっかりに散歩に出かけることが習慣になっていると、6時前からソワソワし出し、飼い主を起こすようになります。ごはんをあげるタイミングも同じこと。ルーティーンになってしまうと、いぬは決まった時間に待ってしまいます。

　でも、災害時や避難所暮らしになった場合には、時間通りに生活できません。万が一のことを考えて、ごはんや散歩の時間をある程度ずらして慣れさせておくとよいでしょう。

　またトイレはお散歩するという子も飼い主を急《せ》かします。おしっこは室内外問わずできるようにしておきましょう。

# いぬと一緒にできる簡単なゲームを覚えよう

いぬは人間よりはるかに素晴らしい嗅覚の持ち主。本能的に匂いを嗅ぎたくて仕方がないのです。

そこでおススメしたいのが、隠したおやつを探させるというゲーム。匂いの出どころを探しているとき、尻尾《しっぽ》をフリフリするのは、一所懸命やっている証拠。見つけたらたくさん褒めてあげてください。

このゲームのよい点は、大きさや犬種、年齢を問わず、狭い場所でも遊ばせることができるところ。天気が悪くお散歩に行けない日は室内でぜひ、トライしてみてください。10分もやればいぬも心地よい疲労感を得られます。

# 避難に備えてクレートトレーニングを

避難所には動物が苦手な方もいますし、咬傷《こうしょう》事故などを防ぐため、いろいろな対策が取られます。また、ケージが入手できた避難所では、いぬはその中で暮らすことが多くなります。

例えば飼い主と一緒に避難所暮らしになっても、いぬは離れた場所に用意されたペット飼育スペースのケージの中、という状況もあるでしょう。

そのため、ケージに慣れていないとずっと吠え続けたり、食事はおろか水も飲まず、トイレもままならないということになりかねません。結果として、健康を害する可能性も。そうならないためには、日頃からケージや運搬用のキャリーに慣れておくことが大切です。

ケージなどに慣れさせるためのトレーニングを「クレートトレーニング」と言います。ペットホテルや病院などでケージを利用することが多いので、ぜひ身につけておきたいしつけのひとつです。

# 今日から実践
# クレートトレーニング！

ケージはいぬが中で体の向きを変えられるモノを用意。大きすぎると逆に落ち着くことができません。おやつやごはんで誘い、ケージの中に入ったら褒めてあげましょう。その際、「ハウス」と声をかけて、繰り返し訓練を。ケージにためらわなくなったら扉を閉めて様子を見てみましょう。

慣れてくると「ハウス」という言葉だけでケージに入るようになります。その中で寝るようになったら、いぬにとって心地よい空間になったということです。

＼いぬ好きさんに聞く／

# わたしといぬの防災

column 2

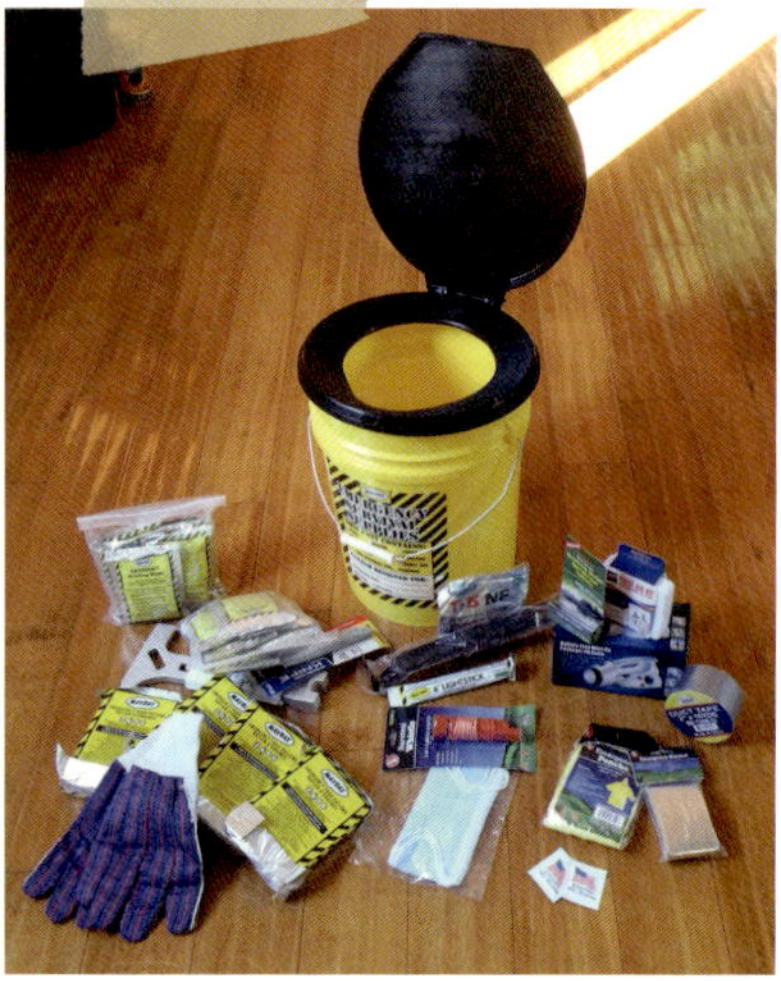

アメリカ国内で購入した人間用の防災キット。中身は、水や固形食料の他、非常用トイレ、手動ラジオ、汚水を飲料水に変える薬、毛布としても使える薄いアルミ箔など。

写真家／映像カメラマン

## 鈴《すず》木《き》香《か》織《おり》さん

profile

フリーランスフォトグラファーとして東京で活動した後、２００１年に渡米。現在はロサンゼルスを拠点に、ジョニー・デップをはじめ、ロバート・ダウニー・Jr.、キャメロン・ディアスなどの多数の著名人を撮影。雑誌「Harper's BAZAAR」の表紙撮影や、マイクロソフト、バドワイザーなど多くのクライアントを持つ。

笑顔がいつも可愛いシーマ

## 慣れない地震に驚く我が子を見て防災を考えました

私が渡米してから一緒に暮らしているいぬは実はお隣さんで飼われていた子なんです。その方が引っ越すことになり、新しいアパートでは飼えないからと譲り受けたのが当時、生後4カ月だったシーマ。

我が家の庭にもよく遊びに来て、私も可愛がっていたので、二つ返事でOKしました。

譲り受けたときはまだ幼くて、人懐っこいけど誰かれ構わず飛びついたり、散歩していても急に横道にそれるなどの問題があったので、しつけ教室に通いました。おかげで、すっかりお行儀のよい子になりました。

カリフォルニアでは、ドッグビーチが人気。広いビーチをリード無しで、自由に駆け廻ることができます

スタジオ撮影の後に、同じセットでポーズするシーマ

後ろに写っているのは、鈴木宅のペットの猫。いぬと猫の2匹は仲良し

私が住むロサンゼルスはたまに小さい地震があるくらい。それにアメリカは日本のような地震大国ではないので、ペット防災という意識は薄いような気がします。いぬを飼っている友人たちと防災について話をするような機会もないですね。

以前、ロサンゼルスでは珍しく大きめの地震があって、私もシーマも驚いて無我夢中で机の下に逃げたことがありました。シーマは慣れていないせいか震えて辛そうに鳴いてしまって……。

たまにとはいえ、地震はいつ来るかわからないし、万が一のことを考えると、家具の下敷きになったりしないか心配になりました。

それから人間用だけではなく、ペット用の防災グッズの必要性を感じました。

Photo by Murota

## 第3章

# 災害が起きた！そのとき、あなたといぬは？

# 「ペットの防災対策」＝「人の防災対策」

この章では実際の避難生活をシミュレーションしていきます。
その前に２つ、災害時の基本的な考えをお話ししましょう。
１つ目は「自助・共助・公助」という防災のキーワードです。
いぬと一緒に避難する場合の「自助」は、
わたしのいぬの面倒は
飼い主であるわたしが責任を持ち、しっかりとみるということ。
次に、近隣住民や飼い主同士、地域ネットワークで助け合う「共助」。
「公助」は行政やボランティアなどからの救助・支援。
この３つがうまく連動することで
避難生活が円滑に回ることとなります。
２つ目は「ペット防災」に対する誤った考え方です。

「ペット防災」というと動物を主役にして考えてしまいがちです。

「この子が助かるのなら私はどうなっても…」という言葉は
飼い主さんの深い愛情から発せられるものですが、
それは大きな誤解です。

あなたと家族がどうすれば助かるかを検討し、
備えない限り、ペットを守ることはできません。

飼い主である自分自身の安全を第一に考え、
正しい判断と行動ができなければ、
人も動物も危険にさらされます。

つまり、「ペット防災対策」は、実は「人の防災対策」
でもあるので、この点を踏まえて、
いぬとあなたの防災について考えてみてください。

家族であるいぬの面倒を最後までみることが飼い主の使命。
それは自分といぬの関係だけでなく、
社会に対する飼い主としての責任を果たすということでもあります。

体験者のお話を
うかがいました

# 震災のとき あなたと いぬは…？

**地震と同時に
布団の中に
飛び込んできました。
その後も余震のたびに
ぶるぶる震えるように。**

一人暮らしのマンションに
いぬを飼っています。
地震の後、安否が確認できず会社から
5時間かけて徒歩で帰りました。
管理人さんなどとの連携がとれていたら…
と悔やみました。

**いつもは従順な子が
大きな揺れでパニックに。
コマンド（指示）が利かず
制御するのが大変でした。**

**遠い親戚よりも
近くの他人。
ご近所のいぬ
ネットワークで
手持ちのグッズと
援助物資をシェア。
ピンチをなんとか
切り抜けました。**

他県へ遠距離避難しました。
いぬの受け入れ先は
見つかったものの、
わたしの避難場所からは
2キロも離れていて
毎日通うのは大変でした。

**地震の
ショックとストレスで
ごはんをまったく受け付けず。
1週間後に食べてくれたときは
ほっとしました。**

救援物資の中に
フードはあったけれど
いつも食べているのとは
違ったので、
なかなか食べてくれなくて。
買い置きがなかったことを
反省しました。

**突然のことで何も
持ち出せなかったけど
いぬとだけは一緒に逃げた。
ペットは避難所でのケアが
大変だけど、ずっと心の
支えになってくれた。**

両手に荷物を持ち、
いぬとがれきの中を
歩かなければならず、
いぬに靴を
はかせていれば……
と必要性を痛感した。

**すぐに帰れると思ったので
いぬ小屋に繋いだまま避難所へ。
やせ細ってしまって抜けたのか、
一時帰宅をしたときには、
首輪だけが残っていました。
悔やんでも悔やみきれません。**

気性の荒い子だったのですが
やっぱり避難所ではほかのペットたちと
うまくいかなくて。しかたなく、
私も一緒に車中生活になりました。

老犬だったので、
避難は車で。
普段から移動で
使っていたので
必要以上に怖がらず、
よかったです。

**飼い主の動揺が
いぬにも伝わる
という話を
聞いたことが
あったので
とにかく
冷静に行動。
いぬたちも
ついてきてくれた。**

棚から本や雑誌が
ザーッと落ちてきて
危うくいぬたちに当たりそうに。
大型の家具には
気をつけていたが、
詰めが甘かった…。

私は職場にいて、
いぬは行方不明に。
3カ月後、保護団体のおかげで
奇跡的に見つかりました。
携帯電話に写真が
入っていてよかった。

**外出中に地震が。
ご近所のいぬ仲間に
様子を見に行ってもらい
一安心しました。**

多頭飼いだったので、
アパートにとどまりました。
幸い津波がない地域で
なんとか無事でしたが、
停電や断水の中
正直不安でいっぱいでした。

**ペットNGな避難所なので
マンションに残ることに。
お隣さんも同じ境遇だったので
支え合えて、心強かった。**

地震の直後に飛び出し
姿が見えなくなった。
家に戻ってくるかも…と
ごはんを置いて待っていると
散歩コースを歩いているところを
近所の人が見つけてくれた。

**地震速報の音が鳴ると
怖がって震えるように
なりました。
いぬは人間以上に
音に敏感であると
後になって知りました。**

**ショックで精神が不安定に。
夜になると鳴いたり、
騒いだりするので
今もまだ電気をつけて
一緒に寝ています。**

**地震が来てすぐ、うちの子は
クレートに飛び込みました。
テレビが転がるほどの
大きな揺れの中で
無事だったのは日頃の
トレーニングのおかげです。**

マンションの5階に住んでいますが
震災時にはエレベーターがストップ。
非常階段は、いぬも人も
慣れていなかったため
思った以上に時間がかかりました。

# 地震！そのときのいぬの行動は？

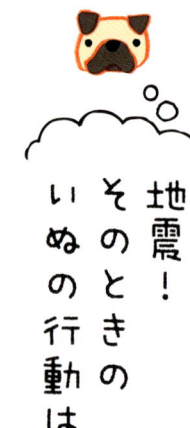

うちは普段からコミュニケーションが取れているから、地震のときも大丈夫……なんて思っていたら要注意。「いぬは一度スイッチが入ってしまったら、何をしてもだめ」というのは、動物行動学の基本。突然、暴れたり吠えたり、パニックのあまりに歯を立ててしまうことも。

　でも一番怖いのは、そうしたいぬたちを前に、飼い主が慌ててしまうこと。飼い主の緊張や不安は、そのままいぬたちにも伝わります。「いぬとはそういうもの」という、心構えをしておきましょう。あなたはリーダーとして、毅然《きぜん》とした態度を取るだけです。

　一方、日頃のしつけの大切さを実感するのも、こうした非常時のとき。万が一、家を飛び出したときのための「来い」と、落ち着かせるための「待て」の2つのコマンドは必ず身につけさせましょう。そして、一刻も早く安全な場所を確保するための「クレートトレーニング」も欠かさずに。第2章（62ページ）を参考にしてみてください。

# いざというときに役立つ応急処置

いぬがケガをしても、災害時はすぐに獣医さんにみてもらうのは難しいもの。そんなとき、基本となるのは「ケージレスト」（ケージやクレートに入れて、なるべく動かさないこと）。状況が落ち着くまで、症状を悪化させないための処置です。人間の薬は、動物には使えないものがあるので、素人判断は避けてください。切り傷などは、きれいな水で洗い、できるだけ清潔な布などでカバーしておくこと。火傷《やけど》も、水などでとにかく冷やしましょう。

# 避難する前に知っておきたいこと

避難生活は実際に経験したことがないと、イメージしにくいもの。かといって、いつ起きるかわからない災害に不安になりすぎるのもよくありません。必要な情報や知識をしっかり持ち、そのときに備えておけば、慌てず冷静に行動できるはず。あなたといぬが知っておくべき内容をしっかりと押さえておきましょう。

# 「備え」の前に問題点を洗い出そう

避難グッズだけ揃《そろ》えて安心してはいませんか？　もちろん災害時に必要な食料などを準備することは大切ですが、こうした備えの前に、被災したときのことを具体的にシミュレーションしてみましょう。

まずは自分や家族、いぬの生活条件を整理します。例えば家族の状況や住まいの環境、いぬの健康状態などです。次に問題点を洗い出します。ポイントは、「こんなときにはどうすべきか？」と考えてみるのです。

例えば自宅が高層マンションだった場合。家族に妊婦がいて、エレベーターが止まったら、どうやって避難する？体調が悪い高齢のいぬがいたら、どうやって運び出す？　災害時でも薬を入手できるところはある？

このように自分の生活に照らし合わせると、さまざまな問題点が出てくることでしょう。

そして、こうした問題を解決するためにどうするべきか、家族や仲間と話し合いをしておくことが必要です。

# 外出中に被災したら

外出先で地震にあった場合、むやみに動こうとせず、安全な場所に避難して、落ち着くまでその場に待機しましょう。地震直後は駅周辺や道路が混雑し、火災や建物の倒壊といった二次災害が起こる可能性もあるからです。

東京都などでは帰宅困難者対策として、事業者が全従業員の3日分の食料、飲料水などを備蓄することを求めています。慌てて自宅に戻るよりも、会社にとどまっていたほうが安全な場合もありますので、状況をよく確認して行動しましょう。

でも、外出先で被災して、すぐに戻れない場合、自宅で留守番をしているいぬが気がかりですよね。

日頃の備えとして、室内にいぬが逃げられるよう安全な場所を確保しておいたり、家族や仲間と連携し、いざというときにいぬの無事を確認できる協力関係を築いておくことが大切です。

# 自宅で被災したら

　地震はいつ何時発生するかわかりません。突然の大きな揺れが来ても、落ち着いて行動することが大事です。

　飼い主であるあなたがパニックになってしまうと、いぬも騒ぎ出し、余計混乱してしまいます。

　室内では家具類などの転倒や落下の危険がない場所に移動したり、すぐに動けない場合は机の下などに隠れ、揺れが収まってから行動を。

　倒壊や火災などの大きな危険が迫っているようであれば、指定の場所へ避難してください。

　小型・中型犬であればキャリーで運べますが、大型犬は歩かせることになります。がれきなどでケガをする恐れもありますので、犬用の靴やバンテージを準備しておきましょう。

# 同行避難の意味を正しく理解していますか？

「同行避難」という言葉をよく耳にするようになりましたが、その言葉の意味を正しく理解できていますか？

過去の大きな災害では、ペットと一緒に避難することが徹底されておらず、多くのペットが飼い主と離れ離れになってしまいました。

そのため、はぐれてしまったペットが飼い主の知らないところで亡くなったり、不妊・去勢手術をしていなかったせいで繁殖し、群れをつくって人間を威嚇するようになってしまったケースもあります。

また、ペットと一緒に避難しても、受け入れ側と飼い主側との間でトラブルも多くありました。

## 同行避難は飼い主の責任

このような事態を防ぐため、環境省では「災害時におけるペットの救護対策ガイドライン」を作成。災害時、飼い主はペットと一緒に安全な場所まで

避難すること、つまり同行避難を推奨しています。

ここで注意すべき点は、同行避難は避難所で飼い主とペットが同じ室内で暮らすことを意味するものではないということ。また、避難所によってペットの受け入れについては、統一されていないのが実情です。受け入れＯＫでも避難所でペットは隔離されることが多いので、それぞれのルールに従ってください。

いずれにしても、災害時は飼い主が責任を持って、同行避難をすることが原則です。それに備え、日頃からの防災対策をしっかりと行いましょう。

# 「避難所」と「避難場所」の違いとは？

「避難所」と聞いて、自宅近くの学校の体育館をイメージする人も多いでしょう。では「避難場所」とはどう違うか、ご存じですか？

避難場所とは、例えば地震火災や津波、洪水など緊急を要する災害から逃れる場所のこと。高台や、大規模な公園などが指定されて、「指定緊急避難場所」「広域避難場所」とも呼ばれています。あくまでも一時的に逃げる場所なので、食料などの備蓄品はありません。

対する避難所は、災害により家に戻れなくなった人々が一定期間、滞在する場所のこと。「指定避難所」と呼ばれ、学校の体育館や公民館などがそれに当たります。

多くの自治体では防災マップを配布していますが、そこに避難所なども明記されているので手元に置いておくとよいでしょう。

またポータルサイト「Yahoo!」の天気・災害ページでは、全国の避難所マップを閲覧することができます。住んでいる地域や勤務先のエリアで確認してみるのもおススメです。

## 知っておきたい防災用語

この他にも知っておくと便利な防災用語をご紹介しましょう。

■一時滞在施設……帰宅が可能になるまで待機する場所がない帰宅困難者を一時的に受け入れる施設。庁舎やオフィスビルのエントランスホールなど。

■災害時帰宅支援ステーション……帰宅困難者の徒歩帰宅を支援する施設（コンビニエンスストアやファミリーレストランなど）。道路情報の提供、水道水、トイレなどを提供します。店頭に貼ってあるステッカーが目印です。

# 避難所へ行くべき？まずは状況を判断

台風や噴火、大雪など思いもよらぬ災害が起きたとき、避難すべきかどうか判断が難しい場面があります。

　このような場合は、テレビやラジオ、ネットで最新の気象情報をマメにチェックすること。自分の今いる場所が避難の必要があるかどうかを知る判断基準のひとつになります。

　身の危険を感じる事態が訪れたら、すみやかに避難所など安全な場所へと逃げることが先決です。

　また地震の場合、火災や倒壊といった二次災害の恐れがあり、自宅に住み続けることが困難なようであれば避難所へ行くことが原則ですが、そうでなければ在宅避難という選択肢も考えてみましょう。

　慣れない避難所では、環境の変化で体調を崩しがちですし、現場は混乱している可能性もあります。

　日頃から耐震・防災対策や非常食の準備などを行い、可能な限り在宅避難ができる備えをしておきましょう。

# 避難するときに注意したいこと

自宅から避難する場合、いくつか注意しておきたいことがあります。

地震であれば、火災など二次災害を防ぐために、ブレーカーを落とし、ガスの元栓を閉めるなど、火の元をしっかり確認してから避難すること。

また、自分や家族の安否情報、避難先などを書いたメモを残しておくとよいでしょう。家族や仲間と連絡が取れる手段を確保しておくのも大切です。

被災地では電話網が混乱して繋がりにくくなります。いざというときのために、ツイッターなどのSNSや電話会社が提供する災害用伝言ダイヤルを利用するなど、家族間での安否確認の方法を事前に決めておきましょう。

# いぬと一緒に避難するとき

いぬは犬種によって大きさに違いがあるので、ねこのようにキャリーに入れて、とはいかない場合があります。

もちろん、チワワやトイプードルのような小さい子であればキャリーでも十分ですが、ゴールデンレトリーバーのような大きい子はリードに繋ぎ、徒歩での同行避難になります。道路状況によってはケガ防止のために靴を履かせることをおススメします。

避難の際、使用するのはフレキシブルリードではなく、太くて長さが固定されたリードを選ぶこと。災害時の混乱でいぬがパニックになり、飼い主がコントロールできなくなるのを防ぐためです。ハーネスも、慣れていないと抜けてしまう恐れがあります。

万が一のために、予備のリードと首輪も事前に準備しておきましょう。

# 避難所での心構え

もし、避難所生活を送ることになったら……。自分といぬがその状況に置かれたとき、どんな心構えでいるべきか、考えてみましょう。

避難所は、そこに来ている人〝全員が被災者〟です。自分だけが被災者ではありません。

被害状況の差はあると思いますが、避難所に逃げてこなくてはならないという状況に変わりはありません。

「わたしはいぬを飼っているから特別に配慮してほしい」と周囲に訴えるのはNGです。

ある避難所では、たったひとりの飼い主が、小型犬を放し飼いにしてしまったせいで、その避難所がペット不可になったケースがあったそうです。

非常時だからこそ、気配りの精神で飼い主同士が手を取って、危機的状況を乗り越えなければいけません。

いぬを飼っている人もそうでない人も、避難者みんながお互いに迷惑をかけないよう、心がけるべきです。

# 動物嫌いは意外に多い

　お散歩のとき、道行く人が遊んでくれたり、「かわいいね」と撫でてくれたりすると、世の中の多くの人は動物が好きなんだと思いますよね。

　しかし現在、日本のペット人口は3割、飼っていない人が7割。つまり飼いたくても飼えない人を除いても、動物に興味がない、または苦手な人が半数以上いることになります。そして避難所には動物アレルギーという方も来るでしょう。

　不安で誰もが極限状態の避難所生活。そこに動物がいたら、苦手な人は苦痛を感じかねませんし、いぬの鳴き声や匂いなどが原因でトラブルにもなりかねません。

　避難所ではいつも以上に飼い主としての配慮が求められます。

# 飼い主は自覚的な行動を

同行避難OKだから、避難所に行けばなんとかなると思ってしまうのは大きな間違いです。

飼い主として注意すべき点は、避難所に行けば動物用のケージは用意されている、誰かが支援してくれる、手助けしてくれる、とは思わないこと。

避難所は集まってきた人たちで自主的に運営されます。ペットと一緒に避難してきた人は、飼い主同士で話し合い、動物が苦手な人など他の人に迷惑がかからないよう、いぬたちのスペースづくりや、面倒をどのようにみるのか決めなくてはなりません。基本的に避難所では、人間と動物の生活空間は離されることが多くなるからです。

大切なのは、飼い主が自覚を持って行動すること。事態が落ち着くまでは共同生活になりますので、その輪を乱すことなくルールを守り、冷静に行動しましょう。

# いぬのＳＯＳ信号を見逃さないで！

避難所では、飼い主といぬは隔離された生活を送ることになります。

いつも寄り添ってくれる飼い主がいない、知らない場所、知らないいぬもまわりにいるという状況に。

このような環境の変化にいぬはストレスを感じ、免疫低下により、病気にかかりやすくなります。特に注意したいのはシニアの子。そして予防接種をしていない子はなおさら危険です。

いつも以上に、いぬの様子を注意深く見守ってください。

下痢や嘔吐はしていないか？　ごはんはちゃんと食べているか？　一日中鳴き続けてはいないか？　など、いぬからのＳＯＳ信号を見逃さないように注意しましょう。

ただし被災時はすぐにかかりつけの病院に連れて行くことは難しいかもしれません。

そのためにも、予防接種は定期的に必ず行い、常備薬などは防災グッズとして備えておきましょう。

# こんなときだからこそ愛犬へのケアをしっかりと

いつもと勝手が違う避難所では、普段通りにいぬを遊ばせることはなかなか難しいかもしれません。でも、そんなときほど我が子へのケアはしっかりと行いたいもの。

避難所で懸念されることのひとつは、いぬと接する時間が減ってしまうことです。特にシニアの子だと、あまり動きたくないかなと遊びも散歩もせずに放置すると、体調の変化に気づくのが遅れてしまいます。ある程度高齢のいぬこそ、普段以上に声をかけたり、身体を触ってあげることが必要です。

例えば、飼い主が長時間避難所から離れる日などは、飼い主同士で協力し、様子を見たり、お散歩を頼んだりしてはどうでしょう。散歩させるときは他の避難者への迷惑にならないよう、動線（いぬを歩かせるコース）にも配慮することをお忘れなく。

# パニックを起こしていぬが逃げてしまったら

パニックを起こし、逃げてしまったいぬは、気がついたら自分がどこにいるのかわからなくなり、戻ってこれないことがあります。

その防止策として、マイクロチップを装着したり、首輪に鑑札や注射済票を必ず着けておきましょう。

普段であれば、ネットを利用して探したり、保健所や警察に確認することができますが、被災時はそう簡単にはいきません。避難グッズのひとつとしていぬの写真を何枚か用意し、避難所

などの掲示板に貼り付けてもらうことも一案です。

## 普段からの訓練として音に慣れさせよう

災害発生時は大きな音にびっくりして、いぬが慌てて逃げ出してしまうことも考えられます。そのためにも、普段から音に慣れさせることが大事です。

例えばバイクの音が嫌いな子なら、散歩のときにバイクが来たら待たせる練習を。バイクが通り過ぎても何も起こらないと理解させる経験をしてもらうのです。そして待つことができたら、褒めてあげましょう。「怖いね、大丈夫よ」と抱っこして避けたりするのは、いぬの学びにはなりません。

飼い主はどんなシチュエーションでも毅然とした態度でいることです。なぜなら、飼い主が緊張していると、いぬに伝わってしまうからです。

嗅覚が敏感ないぬは、匂いの世界に生きています。飼い主が緊張して手に汗をかくと、匂いが変わるので、いぬは不安になってしまいます。

また、飼い主がビクビクしていると、いぬにも伝わり、唸ったり、吠えたりすることも。いぬと飼い主は合わせ鏡だと思ってください。飼い主が神経質だといぬも神経質に、楽天家だといぬも楽天家になるなど、いぬは飼い主の性格に影響されるものです。

# 避難所には頼らない〝避難生活〟とは？

被災しない限り、避難所がどんな場所なのかわからないもの。だからこそ、事前知識として知っておきたいことがあります。

避難所に行ったら、受付（名前、住所、連絡先、家族構成などの記入）を必ず済ませてください。

避難所では登録数をもとに食料などの救援物資が届けられます。また、誰がどこにいるのかわからなければ、人探しもできません。

基本的に避難所は、その周辺で住民

登録している人たちが逃げ込む場所とされています。施設管理者（学校長など）が運営責任者となり、消防団、PTA役員、町会長などによって組織され、衛生班、総務班、福利厚生班などの役割分担ができてきます。

ペットの扱いについて何も決まっていなければ、飼い主同士が運営側にかけ合い、了承が得られれば、ペットと一緒にいることができます。

## 棲み分けについて考えてみよう

仮に避難所がペットNGだった場合、その他の場所での棲《す》み分けも考えてみましょう。

例えば飼い主同士が結集し、避難所近くのお家に犬の生活スペースを確保してもらい、手分けをして世話をしに行くのもひとつの手段になります。

アウトドアに慣れている方なら、公園などの広場でキャンプ生活も考えられますね。また、自宅が住み続けられるような状態であれば、無理に避難所へ行く必要はありません。

避難所だけが避難生活の場ではないのですし、行けば何とかなるというものでもありません。あなたといぬにとって、最適、最善の避難生活を選択してください。

いぬ好きさんに聞く

# わたしといぬの防災

column 3

お散歩バッグの中身
エチケット袋、
診察券、お皿、
おやつ、水、タオルなど

出版社嘱託

室《むろ》田《た》弘《ひろし》さん

profile

1953年大阪府生まれ。大学入学とともに上京。大学卒業後出版社に勤務し、雑誌・書籍編集などを手がけ、退職後、同出版社で嘱託として校閲の仕事に携わる。現在のゴールデンは3代目。大型犬は最後と思い、飼うことにしました。

## もしものときに頼りになるのは、飼い主同士の結束力

英国ゴールデンレトリーバーを飼っています。名前はパルフェ。男の子です。

人間が大好きで、人懐っこく、子どもの頃から大人しかったので、しつけには苦労しなかったです。例えば、散歩でもノーリードでちゃんとついてきてくれますし、吠えることもめったにないので、手間のかからない子ですね。パルフェは我が子同然の大切な存在なんです。

災害時の備えとして、自宅には洗濯カゴに小分けにした1週間分のフード、おやつ、エチケット袋などを用意して、いつでも持ち出せるようにしています。

実家の近くは
環境抜群の富士山麓

パルフェくんは
家族のアイドル♡

イザとなったとき
エサやおやつ、エチケット袋、
消臭剤などをひとまとめに

玄関で大人しく
お留守番

小型犬と違いゴールデンは大きいですし、パルフェは40キロほどあるので、抱っこして逃げることはできません。いぬ用の靴、またうちの子は寒さよりも暑さに弱いので、体を冷やす冷却スプレーの準備も必須だと考えています。

パルフェはブリーダーさんから譲ってもらった子なんですが、年に1回ほど、そのブリーダーさんのところで生まれた子たちが集まって、オフ会を開催しているんです。飼い主同士の結束力が固いんですよ。

連絡先を教え合って、何かあったら連携できるネットワークをつくっています。

飼い主仲間で、万が一のことがあっても助け合える関係が築けているのは、とても心強いです。

第4章

# 「いぬとわたしの防災」チェックリスト

# わたしのために、いぬのために、安全な室内づくり

## 住まいのチェックリスト

防災のファーストステップは
片づけることから始めましょう

捨てる→整理整頓

- □ いつか使う（着る）かもしれないと、タンスの奥に眠っているモノや洋服はありませんか？
- □ しばらく使っていない食器類などはありませんか？
- □ 書棚でホコリをかぶっている本はありませんか？
- □ 避難時に必要なモノがどこに置いてあるか確認できていますか？

# Check List

室内に「危険地帯」をつくらない

## 今すぐ危険な場所をチェックしましょう

- □ 家具類の転倒・落下防止対策はできていますか？
- □ 高い場所に不要なモノ、危険なモノは置いていませんか？

- □ 吊り戸棚などの開き扉は掛け金を掛けていますか？
- □ 窓やガラス製品に滑り止めや飛散防止などの対策はできていますか？

危険回避
するために

## 日常生活を見直すことで
## 安全に過ごすことができます

- [ ] 普段使わない電気器具は
コンセントから抜いていますか？

- [ ] コンセントの近くに水の入った水槽や
花瓶などを置いていませんか？

- [ ] ブレーカーの位置を確認できていますか？

- [ ] タコ足配線に
なってはいませんか？

- [ ] お風呂の水のくみ置きを
日頃からしていますか？

# Check List

いぬに安全な室内づくり

## いぬの安全はあなたにかかっています

- [ ] いぬの避難通路は確保できていますか？
- [ ] ケージやキャリーには慣れていますか？
- [ ] ケージは固定していますか？その付近に転倒しやすい家具は置いていませんか？
- [ ] 室外で飼っている場合、ハウスの近くに倒壊しやすいモノはありませんか？
- [ ] お風呂やトイレのふたは閉めてありますか？

# いざ！
# そのときが来たら…

## 災害時の決め事チェックリスト

準備ができていれば、
慌てることなく冷静に行動ができます

- [ ] 地域の防災計画を確認しましたか？
- [ ] 災害時、家族同士の連絡手段は確保できていますか？
- [ ] 避難場所、避難所の場所は確認できていますか？
- [ ] 自宅から避難所までのルートを確認できていますか？
- [ ] あなたの不在時に、いぬの安否を見てくれる仲間はいますか？

# いぬとわたしのための日頃の備え

## わたしのための避難グッズリスト

非常時持ち出し品

避難グッズは必要なモノを
必要な分だけ持ち出すことが大切

衣類

- [ ] ヘルメット、防災ずきん
- [ ] 軍手
- [ ] 羽織るもの
- [ ] 下着
- [ ] 毛布

飲料水・食料品

- [ ] 飲料水
- [ ] インスタント食品などの非常食
- [ ] お菓子などの携帯食

日用品

- [ ] ラジオ
- [ ] 救急セット
- [ ] ポケットティッシュ
- [ ] 缶切り
- [ ] ナイフ
- [ ] 懐中電灯
- [ ] 電池
- [ ] マッチ、ライター
- [ ] 生理用品

安心のための
ストック

## 安心安全のために日頃から
## 確認しておきましょう

□ ローリングストック法を実践していますか？

□ 食料品は最低でも 3 日分を用意できていますか？

□ ガス停止に備えて、簡易ガスコンロ
などの用意はできていますか？

□ 断水に備えて、飲料水などの
用意はできていますか？

□ 火災に備えて、消火器などの
用意はありますか？

# Check List

日頃のチェック

**面倒でもこのひと手間が**
**あなたといぬを救います**

- [ ] 非常持ち出し袋の設置場所は決まっていますか？

- [ ] それはすぐに持ち出せる場所ですか？

- [ ] 自分ひとりでも持てる重さにまとめられていますか？

- [ ] 車がある方は、車内にも持ち出し袋などの備えはできていますか？

- [ ] 備蓄の食料品は定期的にチェックしていますか？

# いぬのための避難グッズリスト

非常時持ち出し品

**持ち出し品はいぬの重さも考えて持てる分だけにしましょう**

- □ キャリーケース
- □ ポータブルケージ
- □ トイレグッズ
（処理袋、スコップ、消臭スプレー、ペットシーツ）
- □ ポータブルトイレ

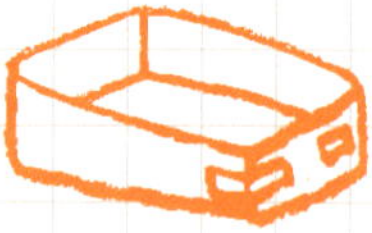

- □ 毛布、バスタオル
- □ ゴミ袋
- □ 食器

※小型犬、大型犬、室内・室外飼育によって必要なものは変わります。犬種や飼育環境に合わせて用意し、優先順位の高いものから持ち出せるように準備しましょう。

# Check List

- [ ] フード、水
- [ ] 首輪、ハーネス、リード

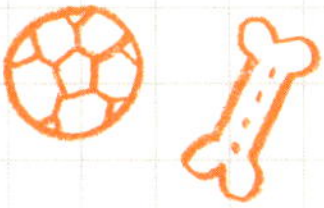

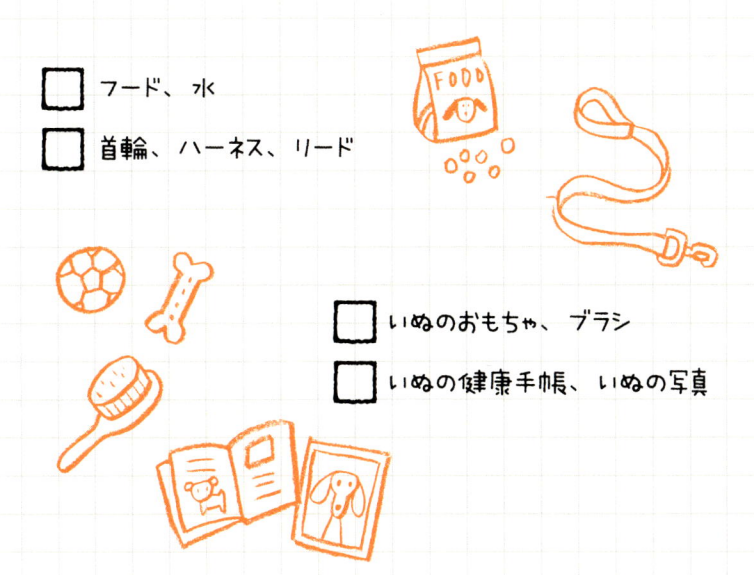

- [ ] いぬのおもちゃ、ブラシ
- [ ] いぬの健康手帳、いぬの写真

- [ ] 靴、靴下
- [ ] 常備薬

# いぬのための
# 健康管理としつけ

## いぬとの暮らしを見直しましょう

- □ 住んでいる市区町村にいぬの登録をしていますか？
- □ 狂犬病の予防接種は毎年受けさせていますか？
- □ 鑑札と注射済票は首輪などに装着していますか？
- □ 去勢・避妊手術はできていますか？
- □ 感染症予防のワクチン接種は済んでいますか？
- □ マイクロチップは装着していますか？
- □ クレートトレーニングは
できていますか？

# Check List

- [ ] いぬの性格をきちんと把握できていますか？
- [ ] 吠えない・噛まないようしつけできていますか？
- [ ] 待て・来いはできますか？
- [ ] 人間の手に慣れていますか？
- [ ] 正しくお散歩はできていますか？
ハーネス、リード、靴に慣れさせましたか？
- [ ] いぬがケガをしたときの応急手当の準備はできていますか？
- [ ] ご近所（いぬ友仲間）とのコミュニケーションはとれていますか？

いぬ好きさんに聞く

column 4

# わたしと いぬの防災

左がレオ、右がライナス

医師

## 松崎吉紀《まつざきよしのり》さん

profile

20年ほど前にポーリッシュローランドシープドッグと出会い、この犬種ならではの性格と愛らしさに一瞬にして魅了される。飼い始めた当初、自宅出産で親子2頭飼いを経験し、現在は兄弟妹3頭飼いに奮闘中。

いぬ用の避難グッズ一式。くまもんのリュックには非常用の食料品などを入れています

## 備えの準備は被災したときをイメージして

我が家はポーリッシュローランドシープドッグの3兄弟と共に暮らしています。

初期避難として、私たち人間の避難グッズと、非常食などを入れたいぬ用のリュックを2種類用意しています。3匹を歩かせて避難させることは難しいと思うので、いぬ用のバギーも。いざというときのために、バギーには普段から乗せて慣れさせています。

避難生活が長期化するようなことがあれば、我が家のいぬたちと避難所に滞在することはできないかもしれません。そのために、屋外生活を想定してテントや寝袋、キャンプ用調理器一式、非常用ト

３匹一緒に移動できる犬用バギー。普段から使用して慣れてもらいました

ライナス君は甘えん坊だけど、ときに孤独を愛するマイペース派

レオ君は面倒見のよい心優しい子

ルーシーちゃんは末っ子気質の甘えん坊

ポーリッシュローランドシープドッグの３兄弟。レオ君、ライナス君、ルーシーちゃん。みんな３歳

イレ、灯油ストーブ、人間用といぬ用の非常食、非常飲料水などを用意しています。こうした避難グッズは本などを参考にしたのですが、被災したときに自分たちがどんな状況に置かれるかと考えてみたんです。

いぬたちと一緒に避難所にいられない場合、屋外で避難生活を送るかもしれない。そのとき、何が必要なのかをイメージして、少しずつ揃えたものです。

その他の防災対策として、家具の転倒防止を行い、避難所の場所も確認し、家族とそこで落ち合えるように話し合いをしました。

災害のニュースを見るたびに、飼い主である自分たちがペットをしっかり守らないといけないと強く思うようになり、防災意識も高まりました。

今から用意したい

# いぬの避難グッズ

避難グッズは軽量で折り畳めるなど、持ち運びに適したモノを選ぶのがポイントです！

## 持ち運びアイテム

### スリムリュック

リュックでもキャリーでも使用OK！

両手があく便利なリュック。使わないときは畳んでコンパクトに。スーツケースなどにも取り付け可能。いざというときはケージとしても使用できます。　SHOP Ⓐ

### 折り畳みペットキャリー

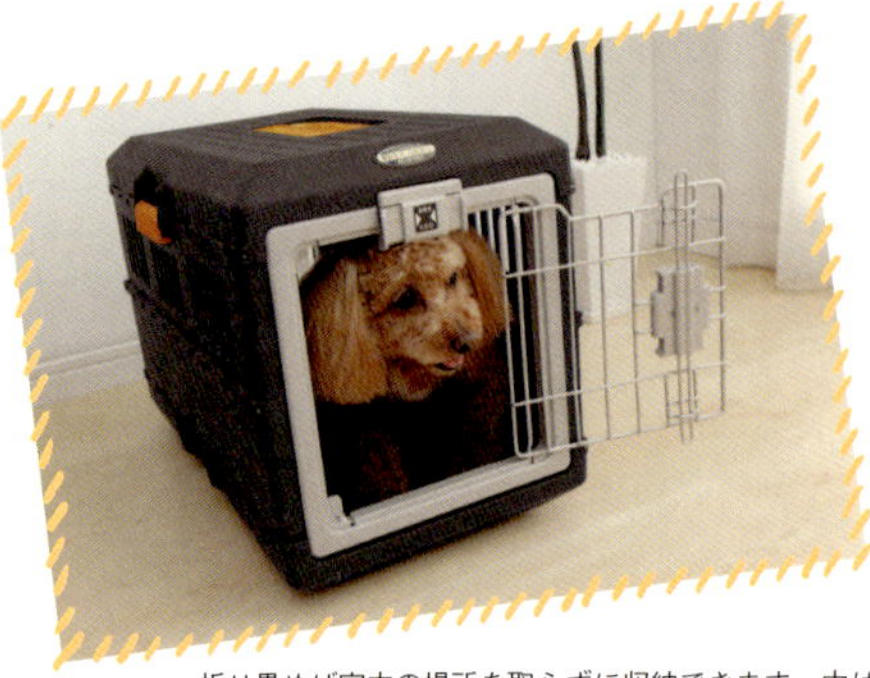

クレートトレーニングにぴったりなキャリーです！

折り畳めば室内の場所を取らずに収納できます。中は広々していて掃除も簡単。前面ドアは線材製なので、噛みグセのあるワンちゃんも安心して使えます。　SHOP Ⓑ

シックな色合いで
デイリー使いしたくなる！

## バルコディキャリー

高強度の生地を使用し、ペット用キャリーに必要な機能を完備。内側の生地は制菌・抗菌防臭生地なので、汚れてもサッと拭き取れて衛生的に使用できます。
SHOP Ⓒ

## 3WAY抱っこハニカムマット

通常はマットとして、移動時は一人でも大型犬を寝たまま抱っこでき、担架にもなる優れもの。介護が必要なワンちゃんにぜひ取り入れたいアイテム。
SHOP Ⓓ

35キロくらいまでの
ワンちゃん専用

# ハーネスリード

## カラフルザイルリード

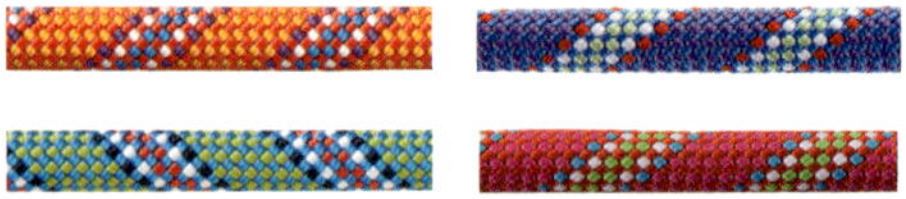

登山用ロープを使ったリードで耐久性も抜群。何本もの丈夫なヒモを束ねてつくられているので、大型犬などの強い力にも耐えられます。カラーも豊富。　SHOP Ⓔ

光を反射するリードでワンちゃんの安全を守ります！

## リフレクティブハーネスリード

リードには光を反射させる素材をプリント。車のライトに当たるとワンちゃんの存在がわかるので、夜や雨の日など視界が悪くても安心してお散歩できます。　SHOP Ⓒ

# 靴

## 全天候型ブーツ

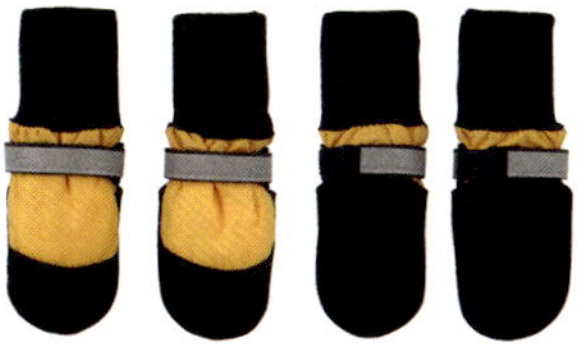

季節を問わず一年中大活躍！

夏の熱いアスファルトや雪道でも履けるブーツ。室内外での使用 OK。しっかり足首までカバーし、肉球を保護。脱げにくく、やわらかな履き心地です。　SHOP Ⓔ

## レインシューズ

反射素材を使用しているので夜のお散歩も安心！

冬の散歩では雪を溶かす薬品によるタダレの防止に役立ちます。雨の日だけでなく、アスファルトからのパットの保護や足の汚れを軽減させるのにも最適。　SHOP Ⓐ

## ケージ

折り畳み式
ペットケージ

工具が不要だから
組み立ても簡単！

未使用時はコンパクトに折り畳んで収容。災害時は緊急のケージとして使用したいアイテムです。取っ手がついているので持ち運びも簡単。
SHOP F

## ポータブルトイレ

おでかけ犬トイレ

場所を問わず使える
嬉しいタイプ！

小さく畳んで持ち運びができる携帯用犬トイレ。トイレを収納できる巾着袋にはメッシュポケットが付いているので、トイレシーツを入れておくことも可。　SHOP B

大型犬専用の
防災・防寒マントです！

## 防災マント

防災マント

災害や避難時、全身が毛で覆われているワンちゃんの頭と体を火の粉や落下物から守ります。風を通さずしっかりとした生地なので、防寒コートにも。
SHOP D

## 発信器

迷子予防に首輪に
着ければ安心だワン！

つながるコル

ペットの迷子予防として、首輪に付ける小型の発信機。ワンちゃんの場所が約 50 m近づくと専用のスマホアプリの地図に位置情報が表示されます。　SHOP G

## Shop List

SHOP A
ポンポリース　http://www.pompreece.jp/

SHOP B
アイリスオーヤマ　http://www.irisplaza.co.jp/

SHOP C
フリーステッチ　http://www.freestitch.jp/

SHOP D
アイアンバロン　http://www.retriever.org/

SHOP E
ペット用品 ペピイ　http://www.peppynet.com/

SHOP F
ottostyle.jp　http://www.ottostyle.jp/

SHOP G
アニコール　http://www.anicall.jp/

＼イザ！ というとき役に立つ／

# いぬとわたしの避難手帖

## あなたの連絡先

名前

住所

TEL

勤務先

血液型

## 非常時の連絡先

名前

TEL

住所

本人との関係

## 家族の情報

名前

血液型

関係

TEL

## 最寄りの避難所と避難場所

## 家族と連絡を取り合う方法

memo

狂犬病予防接種歴

年　月　日

ワクチン接種歴

年　月　日

病歴・現在、治療中の病気

常備薬

かかりつけの動物病院

病院名

住所

TEL

名前

犬種

性別　オス　メス

生年月日　年　月　日

鑑札 No

マイクロチップ No

去勢・避妊　未　済

memo

狂犬病予防接種歴

年　　月　　日

ワクチン接種歴

年　　月　　日

病歴・現在、治療中の病気

常備薬

かかりつけの動物病院

病院名

住所

TEL

名前

犬種

性別　　オス　　メス

生年月日　　年　　月　　日

鑑札 No

マイクロチップ No

去勢・避妊　　未　　済

memo

狂犬病予防接種歴

年　月　日

ワクチン接種歴

年　月　日

病歴・現在、治療中の病気

常備薬

かかりつけの動物病院

病院名

住所

TEL

名前

犬種

性別　オス　メス

生年月日　年　月　日

鑑札 No

マイクロチップ No

去勢・避妊　未　済

memo

# おわりに

日本は長い歴史の中で大きな地震災害を
幾度となく経験してきました。
それはこの国に住む限り、逃れようのないことかもしれません。

3・11から日本は大きく舵《かじ》を切りました。
国や自治体、そしてひとりひとりが
「備え」という意識をしっかりと持ち、
実行しなければならないということ。
いつ来るかもわからない天災に、
ただ不安を抱くのではなく、
立ち向かわなければいけません。

この本を手に取った飼い主さんには
防災意識をより強く持っていただけたかと思います。
人の防災を考えることは、ペットの防災を考えるということ。
Ready（準備）、Refuge（避難）、Responsibility（責任）、
この３Ｒにあることを忘れないでくださいね。
もしものときを想像しながら、今からできることは何があるのか。
この機会にしっかりと考えてみてください。

家族であるいぬの命を守るのは、
飼い主であるあなたしかいないのです。

そのために
この本が少しでもお役に立つことを
心から願っております。

# いぬとわたしの防災ハンドブック

2016年3月11日　第1刷
2016年5月20日　第2刷

著：いぬの防災を考える会

企画・編集　酒井ゆう（micro fish）
デザイン　micro fish（平林亜紀、野村ほのこ）
文　寺村由佳理、大森浩子
イラスト　Aunyarat Watanabe
写真　尾山祥子
写真協力　芸文社

取材協力
NPO法人アナイス
理事長　平井潤子
理事　高木優治
●アナイスは「動物防災の3R」を提唱しています。

DOGSHIP合同会社
ヒューマン・ドッグトレーナー
奥谷友紀

熊倉動物病院
熊倉政樹

参考サイト
環境省
http://www.env.go.jp/

東京都防災ホームページ
http://www.bousai.metro.tokyo.jp/

NPO法人アナイス 動物と共に避難する
http://www.animal-navi.com/

DOGSHIP合同会社
http://dogship.com/

発行人　井上 肇
編集　熊谷由香理
発行所　株式会社パルコ　エンタテインメント事業部
〒150-0042　東京都渋谷区宇田川町15-1
電話：03-3477-5755
http://www.parco-publishing.jp/

印刷・製本　株式会社加藤文明社

※本書で使用した写真、イラストはあくまでもイメージです。飼い主さんは、いぬに鑑札と注射済票を忘れずに着けてください。
※書籍内のしつけの項目については、監修のDOGSHIP合同会社の基本姿勢を元に作成されています。


ISBN978-4-86506-166-6 C0095
落丁本・乱丁本は購入書店を明記のうえ、小社編集部あてにお送り下さい。送料小社負担にてお取り替えいたします。
〒150-0045　東京都渋谷区神泉町8-16 渋谷ファーストプレイス パルコ出版　編集部